ROLF REINICKE

FUNDE
AM OSTSEESTRAND

DEMMLER VERLAG

ROLF REINICKE

FUNDE

AM OSTSEESTRAND

Bibliographische Informationen
der Deutschen Nationalbibliothek:
Die Deutsche Nationalbibliothek
verzeichnet diese Publikation in der
Deutschen Nationalbibliographie.
Detaillierte bibliographische Daten
sind im Internet abrufbar unter
https://portal.dnb.de

Texte, Fotos und Layout:
Rolf Reinicke
Lektorat und Zeichnungen:
Inge Reinicke
www.kuestenbilder.de
Grafiken und Druckvorbereitung:
Matthias Reinicke
www.limedesign.ca

ROLF REINICKE
FUNDE AM OSTSEESTRAND

3. verbesserte Auflage 2021
ISBN: 978-3-910150-76-8

An der Bäderstraße 7c
18311 Ribnitz-Damgarten
www.demmlerverlag.de

Printed in Germany

INHALT

STRANDFUNDE

Von Ostseewellen angespült

Dieses Buch ist für die vielen Strandwanderer bestimmt, die an der Ostsee mit großer Leidenschaft suchen und sammeln – nach Muschelschalen, Schneckenhäusern, Bernstein, Rollholz, Krabbenschilde... Es geht hier also um so verschiedene Funde wie sie auf dieser Seite und im ganzen Buch zu sehen sind – um die besonderen Mitbringsel von einem Strandspaziergang, einer Wochenendtour oder einer Urlaubsreise – selbst gefunden!

Dies ist ein Buch für Laien, nicht für Fachleute. Abgebildet und beschrieben sind die häufigsten und interessantesten Strandfunde der Ostsee, hauptsächlich solche, die von Tieren und Pflanzen stammen. Es bietet keine Vollständigkeit und keine Fremdwörter. Und die vielen faszinierenden Strandsteine werden nur kurz erwähnt. Ihnen ist ein anderes Buch dieser Reihe gewidmet: „Steine am Ostseestrand“ (siehe Seite 80).

Viele der zahlreichen Funde kann man einfach so in die Tasche stecken und mit nach Hause nehmen. Manche muss man trocknen. Dabei kann (beispielsweise bei Seesternen und Krabben) ein sehr strenger Geruch auftreten, der aber später nachlässt. Einige der Funde (beispielsweise Quallen) eignen sich ganz und gar nicht zum Sammeln. Dafür aber sind es hervorragende Fotomotive.

Jeder Strandwanderer wird selbst entscheiden, wie er mit seinen Funden umgeht. Vielleicht lässt er sich dadurch auch anregen, sich etwas mehr mit der interessanten Natur der Ostseeküste, mit ihren Tieren und Pfanzen, zu beschäftigen.

Es lohnt sich!

Die meisten Funde wurden nicht am Strand, sondern auf neutralem Grund arrangiert und fotografiert. Damit man die Größe der Fundstücke gut erkennt, haben fast alle Arrangements ungefähr gleiche Größe: Ihre Basis ist etwa 60 cm lang. Auf vielen Buchseiten bildet eine etwa vier Zentimeter große Miesmuschelschale einen zusätzlichen Maßstab. Manche besonders kleinen Funde sind zusätzlich vergrößert dargestellt.

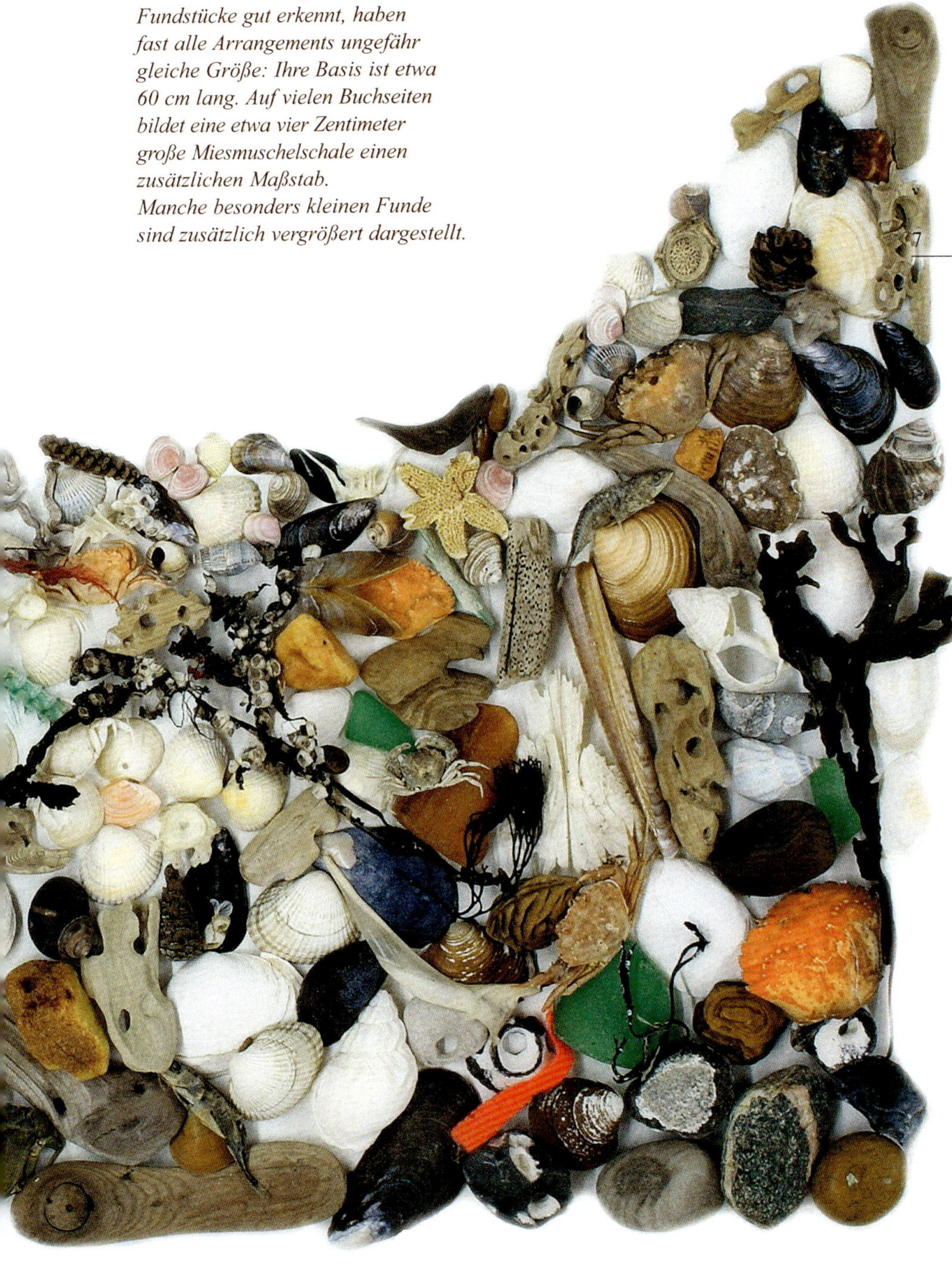

In diesem Buch geht es ausschließlich um Funde vom Ostseestrand. Als Bestimmungsbuch für Funde von den Stränden der ***Nordsee*** *wird besonders empfohlen:*
Rolf Reinicke
NORDSEEFUNDE
112 Seiten, zahlreiche Abbildungen
ISBN 978-3-910-150-85-0
natürlich auch im Demmler Verlag erschienen.

FUNDE VOM NORDSEESTRAND

ARME OSTSEE?

Nur wenig Salz im Meerwasser

Die Ostsee ist etwas ganz Besonderes: ein vom Weltozean fast abgeschnürtes Nebenmeer des Atlantiks. In die Ostsee strömen viele Flüsse. Dadurch wird das Meerwasser mit Süßwasser „verdünnt“. Während die Nordsee etwa 36 Gramm Salz pro Liter Wasser enthält, sind es im westlichen Teil der Ostsee im Oberflächenwasser nur etwa 18 bis 20, weiter östlich nur etwa 12 bis 8 Gramm, im äußersten Nordosten noch weniger. Dieses **Brackwasser** bereitet vielen Tieren und Pflanzen große Probleme. Zahlreiche Bewohner des Meeres meiden es völlig – ebenso wie viele des Süßwassers. So kommt es, dass die Strandfunde an der Nordsee wesentlich vielfältiger sind als die an der Ostsee. In dieser Hinsicht (aber nur in dieser) ist die Ostsee tatsächlich ein „armes Meer“.

Von den Meerestieren und -pflanzen, die man auch in der Ostsee findet, zeigen viele eine Besonderheit: mit abnehmenden Salzgehalt nimmt auch ihre Körpergröße ab. Aus diesem Grunde sind beispielsweise die Herzmuschelschalen am Ostseestrand von Rügen deutlich kleiner als die am Nordseestrand von Sylt. Trotzdem lohnt es sich natürlich, an der Ostsee zu sammeln – dieses Buch zeigt es.

Eine ganze Reihe von Meerestieren kommt nur im westlichen Teil der Ostsee vor. Ihre Reichweite nach Osten hin (und damit auch die Möglichkeit, sie am Strand zu finden) ist unterschiedlich und schwankend. Dadurch können sich einige Angaben zu den Fundmöglichkeiten als ungenau erweisen.

Manche Arten reichen viel weiter nach Osten, als sie am Strand gefunden werden. Sie leben dann aber in größerer Wassertiefe. Dort ist die Ostsee salzreicher. Leider gelangt aus der Tiefe kaum einmal etwas an den Strand.

FUNDE VOM OSTSEESTRAND

MUSCHELN
haben ein Schalenpaar.

Muschelschalen sind die häufigsten Strandfunde. Mit den Schalen schützen Muscheln ihren Weichkörper. Das Schalenpaar wird mit Muskelkraft fest geschlossen. Wenn die Muschel „arbeitet“, ist sie einen Spaltbreit offen. Über eine **Einströmöffnung** nimmt sie dann mit dem Wasser feinste Nahrungspartikelchen auf. Durch die **Ausströmöffnung** gelangt Verdautes mit dem Wasser wieder nach draußen. Bei manchen Muschelarten sind diese Öffnungen fleischige Röhren. Mit ihrem fleischigen **Fuß** können sich Muscheln in den Meeresboden eingraben. Manche „wandern“ damit sogar ein kleines Stückchen.

SCHNECKEN
haben ein Gehäuse.

Schneckengehäuse sind am Strand seltener zu finden als Muschelscha-len. Viele Schneckenarten haben ein solches „Schneckenhaus“ (die Nacktschnecken natürlich nicht). Darin ist der Weichkörper gut geschützt. Manche Schnecken können dieses kalkige, feste Gehäuse sogar mit einem Deckel verschließen.

Sind Schnecken in Aktion, so kriechen sie (im Schneckentempo) auf einem fleischigem **Fuß**. Dabei „weiden“ viele Schneckenarten mit einem Organ, das wie ein Reibeisen arbeitet („Raspelzunge“), den Bewuchs (beispielsweise feine Algen) vom Untergrund ab.

Herzmuschelschalen
von der westlichen
Ostseeküste

HERZMUSCHELN
Bekannteste Ostseemuscheln

Die stabilen Schalen von Herzmuscheln werden oft in großer Menge angespült. Das geschlossene Schalenpaar, nach dem die Muschel ihren Namen bekam, zeigt – wenn man es von der Seite betrachtet – die schöne Herzform.

Herzmuscheln leben nur wenig eingegraben massenhaft im sandigen Bodengrund des Flachwassers. Mit ihrem kräftigen Fuß können sie dort umherkriechen.

Bei Herzmuscheln wie auch bei anderen hellschaligen Muscheln sind auffallende Abweichungen von der „Normalfarbe" der Schalen meist Ergebnis nachträglicher **Verfärbungen**. Stabile Muschelschalen können im Bodengrund viele Jahrzehnte, sogar Jahrhunderte überdauern und dabei mehrfach umgelagert werden. Geraten sie in Faulschlamm, so werden sie oft blaugrau verfärbt. Eine Lagerung in der Nähe rostender Eisenteile führt zu gelblichen oder bräunlichen Verfärbungen. Grünliche Verfärbungen entstehen durch Algen. Verfärbte Exemplare können durch Umlagerungen wieder an den Strand geraten und dort zwischen „frischen" Schalen liegen.

Herzmuschelschalen findet man fast überall an der mehr als 7000 Kilometer langen Ostseeküste, auch in den Bodden und Haffen. Nur im äußersten Norden und Nordosten fehlen sie.

Herzmuschelschalen von der östlichen Ostseeküste

SANDKLAFFMUSCHELN

Die großen Weißen

Sandklaffmuscheln sind die größten aller Ostseemuscheln. Ihre stabilen Schalen zählen zu den häufigsten Strandfunden an der Ostsee. Beim lebenden Tier sind die Schalen von einer hauchdünnen grauen **Schalenhaut** überzogen. Bei den Strandfunden fehlt diese Haut meist schon. Deshalb erscheinen die Sandklaffmuschelschalen fast immer reinweiß. Die geschlossenen Schalen klaffen an einem Ende ein wenig auseinander – daher der Name.

Sandklaffmuscheln leben bis zu 20 cm tief eingegraben im Sand oder Schlick des Flachwassers. Ihre langen Ein- und Ausströmröhren sind miteinander verwachsen und stecken in einer dünnen pergamentartigen Hülle.

Werden Sandklaffmuscheln bei schweren Stürmen ausgespült, so sind sie nicht in der Lage, sich wieder einzugraben. Dann kann es zu einem Massensterben kommen und zu solchen Anhäufungen von Schalen am Strand wie es das Foto auf den Seiten 4/5 zeigt, das im April 1985 am Nordstrand von Prerow (Darß) aufgenommen wurde.

Sandklaffmuscheln findet man an den meisten Stränden der Ostsee – auch noch im Baltikum und auf den Ålandinseln. Nur im innersten Finnischen Meerbusen und in der Bottenwiek fehlen sie.

Schalen der Sandklaffmuscheln von der östlichen Ostseeküste

Schalen der Sandklaffmuscheln von der westlichen Ostseeküste

Durch die Brandung schwerer Stürme oder durch den Druck von Eisschollen werden Miesmuscheln manchmal massenweise vom Untergrund losgerissen. Diese Muscheln sterben. Ihre Schalen, oft auch die zehntausender Jungtiere, bilden dann am Spülsaum hier und da kleine Wälle. Ihre Weichkörper sind begehrte Speise vieler Seevögel.

Miesmuscheln von der westlichen Ostseeküste

MIESMUSCHELN
Angeheftet auf festem Grund

Die dunklen Schalen der Miesmuscheln kennt jeder. Sie sind an allen Ostseestränden zu finden: große, stabile Schalen im Westen, zarte und zerbrechliche im Osten.

Miesmuscheln leben nicht eingegraben im Meeresboden, sondern sitzen – meist dicht an dicht – angeheftet auf festem Untergrund, auf Steinen, Tang, Buhnen, Mauern ... Anders als im Wattenmeer an der Nordsee bilden sie in der Ostsee aber keine ausgedehnten „Muschelbänke“.

Den festen Sitz auf dem Untergrund garantieren dünne, elastische, sehnenartige **Haftfäden**, die von einer Drüse am Fuß ausgeschieden werden.

Die großen Exemplare der blaugrauen Miesmuschelschalen haben oft einen bräunlichen Überzug – die Schalenhaut. Das Innere der Schale zeigt nicht selten einen schönen Perlmuttglanz. Tatsächlich ist bei Miesmuscheln die für alle Muscheln typische Perlmuttschicht viel stärker ausgebildet als beispielsweise bei Herzmuscheln oder Sandklaffmuscheln. Manche der größeren Miesmuscheln zeigen beim genaueren Hinsehen sogar kleine Erhebungen auf der Perlmuttschicht – das sind winzige Schalenperlen, mit denen die Muscheln kleine Fremdkörper ummanteln.

Miesmuscheln
von der östlichen
Ostseeküste

Baltische Plattmuscheln gibt es überall an der Ostsee – auch dort, wo der Salzgehalt des Wassers recht gering ist, beispielsweise in den Bodden und Haffen. An manchen östlichen Stränden liegen sie fast allein am Spülsaum.

BALTISCHE PLATTMUSCHELN

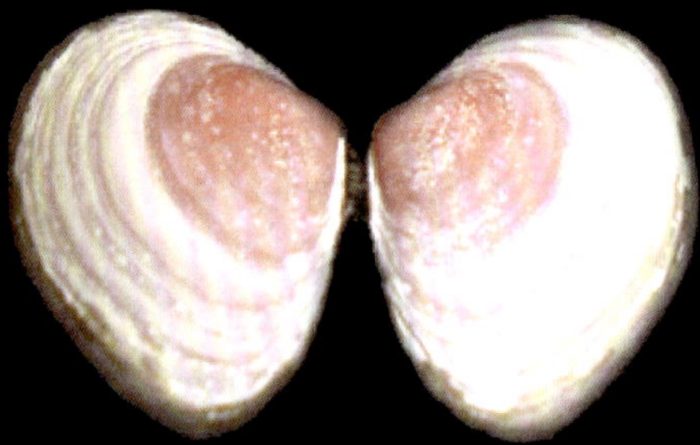

vergrößert

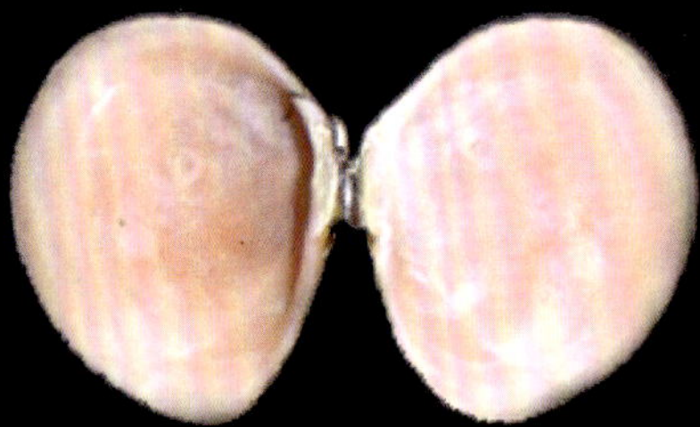

PLATTMUSCHELN

„Roten Bohnen“ und Ähnliche

Die **Baltische Plattmuschel,** wegen ihrer Form und Größe sowie ihrer auffallend roten Färbung auch „Rote Bohne“ genannt, liegt oft in Massen am Spülsaum. Obwohl sie auch in der Nordsee und im Nordatlantik vorkommt, gilt sie als besonders charakteristische Ostseemuschel.

Dass die Bezeichnung „Plattmuschel“ gut zutrifft, ist sofort erkennbar, wenn man ein geschlossenes Schalenpaar zwischen die Fingerspitzen nimmt. Die schöne rote Farbe der glänzenden Schalen verblasst zwar beim Trocknen etwas, bleibt aber erhalten und ist besonders auf den Innenseiten zu bewundern.

Neben der Baltischen Plattmuschel gibt es (seltener) die fast gleichgroße **Kalkweiße Plattmuschel**, die eine mattweiße Schale hat und oft die Reste einer graubraunen Schalenhaut zeigt. Ähnlich in Form und Größe ist die **Kleine Pfeffermuschel** (hier nicht abgebildet), die es nur in der westlichen Ostsee gibt. Diese Arten sicher zu unterscheiden, ist den Fachleuten vorbehalten.

vergrößert

KALKWEISSE PLATTMUSCHELN

SCHIFFSBOHRWÜRMER
Ganz besondere Muscheln

von Schiffsbohrwürmern zerfressenes Holz

Nicht die Schalen, sondern die interessant geformten Hölzer mit den Spuren ihrer Tätigkeit findet man am Strand – die der Schiffsbohrwürmer („Pfahlwürmer“). Das sind keine Würmer, sondern wurmförmige Muscheln, die ihre Schalen stark zurückgebildet und zu winzigen Bohrwerkzeugen umgestaltet haben. Damit graben sie Gänge ins Holz, teilweise sogar in das sehr feste von Pfählen oder Buhnen und verursachen oft große Schäden. Das zerraspelte Holz wird verdaut. Die Grabgänge der bis zu 20 cm langen Muscheln, die nur in der westlich Ostsee bis zum Darß leben, werden mit einer „Tapete“, einer hauchdünnen weißen Kalkschicht ausgekleidet.

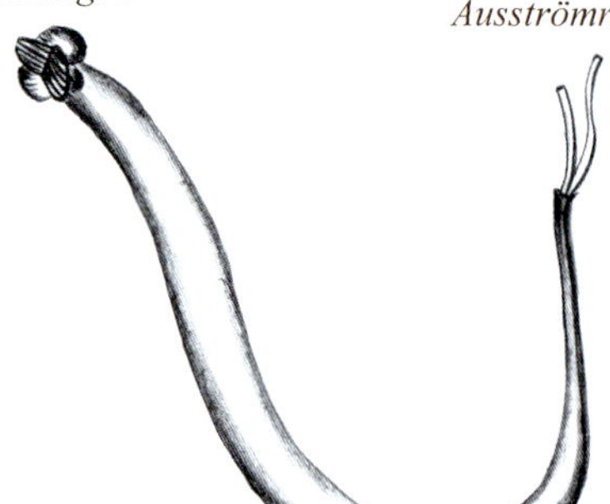

SELTENE FUNDE

„Gäste“ aus der Nordsee

Die auf dieser Seite abgebildeten Muscheln kommen nur in der westlichsten Ostsee und auch hier nur sehr selten vor. Manchmal gibt es aber **Umlagerungen**. Spült man beispielsweise Badestrände mit Sand auf, der aus größerer Wassertiefe (also aus Bereichen mit höherem Salzgehalt und größerem Artenreichtum) oder aus weiter Entfernung stammt, so findet man anschließend am Strand häufig Muscheln, die hier normalerweise nie oder kaum vorkommen – so wie die Astarte. Deren Schalen, wie auch die der ähnlichen, aber meist deutlich größeren **Islandmuscheln**, haben eine dunkle Schalenhaut, die bei schon lange ausgespülten Exemplaren fehlt. Dann erscheinen die Schalen kalkweiß.

Die langen Schalen von **Schwertmuscheln** und **Scheidenmuscheln** sehen einander sehr ähnlich. Beide sind in der Ostsee sehr selten.

ASTARTE

SCHWERTMUSCHELN = SCHEIDENMUSCHELN

ISLANDMUSCHELN

STRANDSCHNECKEN
Häufigste Meeresschnecken

Strandschnecken leben nicht am Strand, sondern im flachen Wasser vor dem Ufer. Sie bevorzugen harten Grund und sind häufig auf Steinen, und Großalgen, an Buhnen und Molen zu finden. Sie „weiden" gern den feinen Algenbelag des Untergrundes ab und hinterlassen dabei eine charakteristische Weidespur.

Bei ungünstigen Bedingungen – beispielsweise bei Niedrigwasser – ziehen sich Strandschnecken in ihr Gehäuse zurück, verschließen es dicht und können auf dieses Weise lange Zeit ohne Wasserbedeckung ausharren.

Strandschnecken kommen nur in der westlichen Ostsee vor. Ihre robusten, dickwandigen Schalen werden nach Osten hin mit abnehmendem Salzgehalt rasch kleiner. Östlich Warnemünde sind sie nur unregelmäßig anzutreffen. Auf Hiddensee und an den Nordstränden Rügens zählen sie zu den Seltenheiten.

vergrößert

NETZREUSENSCHNECKEN
Kleine Schönheiten

Die schön gezeichneten, stabilen Gehäuse der **Netzreusenschnecken** findet man wesentlich seltener als die der Strandschnecken. Netzreusenschnecken leben auf steinigem oder sandigem Grund und ernähren sich von totem Kleingetier.

Netzreusenschnecken sind auf den westlichsten Teil der Ostseeküste beschränkt. Ab und zu findet man sie (meist nach Strandaufspülungen) auch östlich Warnemünde. Winzige Exemplare entdeckt man manchmal sogar noch auf dem Darß.

vergrößert

Die größten der hier abgebildeten Strandschnecken (links) haben einen Durchmesser von 35 mm.

Die größten Netzreusenschnecken sind 25 mm lang.

RIESEN UND ZWERGE

Seltene Große und häufige Winzlinge

Wellhornschnecken sind die weitaus größten Gehäuseschnecken in Nord- und Ostsee. Ihre manchmal mehr als zehn Zentimeter großen attraktiven Gehäuse sind an der Ostsee ebenso seltene wie begehrte Strandfunde. Deshalb bleibt auch kein am Spülsaum ausgeworfenes Exemplar lange liegen. Die tieferes Wasser liebenden Wellhornschnecken findet man – wenn überhaupt – nur an den westlichsten Stränden der Ostsee. Häufiger als deren weißschalige Gehäuse sind ihre weißlichen bis gelblichen **Laichballen** – die leeren pergamentartigen Eihüllen, die faustgroße Klumpen bilden. Diese findet man am Spülsaum zwischen Algen und Seegras.

WELLHORN-SCHNECKEN

Laichballen der Wellhornschnecke

Diese kleinen Schnecken der Ostsee verlangen vom Strandwanderer viel Aufmerksamkeit: Ihre Gehäuse sind sehr klein und zerbrechlich.
Die bräunlichen Gehäuse der **Wattschnecken** findet man überall an der Ostsee. **Kahnschnecken**, **Deckelschnecken, Schlammschnecken** und **Blasenschnecken** stammen aus dem Süßwasser und kommen besonders im Brackwasser der Bodden, Haffe und Flussmündungen vor.

KAHN-SCHNECKEN

vergrößert

vergrößert

WATT-SCHNECKEN

DECKEL-SCHNECKEN

vergrößert

vergrößert

SCHLAMM-SCHNECKEN

vergrößert

BLASEN-SCHNECKEN

Reste verschiedenartiger Meerestiere vom Spülsaum der Ostseestrände zwischen Flensburger Förde und Rigaer Bucht.

RESTE ANDERER MEERESTIERE

Aufmerksame Strandwanderer bemerken recht bald, dass außer Muscheln und Schnecken auch manche anderen Reste von Meerestieren an den Spülsäumen zu finden sind. Der Sommerurlauber wird dort vielleicht nur auf Quallen oder Fischknochen stoßen. Richtig interessant wird es meist nach den Herbststürmen. Dann entdeckt man vielerorts Strandkrabben, an manchen Stränden sogar Seesterne im Angespül.

Auf den nächsten Seiten sind nur die häufigen und „handlichen" Reste von Ostseetieren dargestellt. Nochmals sei betont: Vieles davon gibt es nur im salzreicheren Wasser der westlichen Ostsee. In diesem Gebiet liegen natürlich auch die vielen dänischen Ostseeinseln – beliebte Urlaubsziele deutscher Touristen. An deren Stränden sind ebensolche Funde möglich wie sie dieses Buch zeigt.

Die gefundenen Meerestiere haben sehr unterschiedliche Dimension – von Strandflöhen bis hin zum angespülten Schweinswal, den ein einsamer Strandläufer vielleicht nach einem Wintersturm entdecken mag. Winzige Moostierchen auf Blasentang oder ein toter Knurrhahn – all das gibt es an den Stränden zu entdecken und weckt natürlich auch das Interesse an der Lebewelt der Ostsee.

Wer sich stärker dafür interessiert, der kann im Sommer bei moderaten Wassertemperaturen, ausgerüstet mit Taucherbrille und Schnorchel, einen Blick ins flache Ostseewasser werfen. Er wird beim **Schnorcheln** feststellen, dass sogar unmittelbar vor den Stränden eine Menge von Meerestieren zu beobachten ist – besonders dort, wo größere Steine liegen und Algen wachsen.

Einfacher ist es natürlich, einmal den Blick in ein **Ostseeaquarium** zu werfen. Dort sieht man viele jener Tiere, deren Reste am Strand zu finden sind, ganz lebendig. Solche speziellen Aquarien, die vor allen Dingen Ostseetiere zeigen, gibt es u. a. in Kiel (im Institut für Meereskunde), in Stralsund (im Deutschen Meeresmuseum und im OZEANEUM) sowie im Ostseebad Prerow (im NATUREUM Darßer Ort).

STRANDKRABBEN

Die „Dwarslöper“

Strandkrabben gehören zu den populärsten Ostseetieren. Auf ihren vier Beinpaaren laufen sie recht schnell am Meeresboden und zwar zur Seite hin, auf plattdeutsch „dwars“ – daher ihr Name „Dwarslöper“.

Strandkrabben sind sowohl auf sandigen, als auch auf steinigen Bodengründen zu finden. Sie leben gern zwischen Steinen, Seegras oder Tang.

Brustschilde

Rückenschilde

Man entdeckt sie auch im ganz flachen Wasser – allerdings kaum lebendig auf dem Strand. Strandkrabben gelten als „Allesfresser“, die mit ihren beiden kräftigen Scheren auch Schalentiere gleicher Größe „knacken“ können.

Was man am Strand findet, sind meist keine toten Krabben, sondern nur **Häutungshemden**. Wie viele andere Krebstiere häuten sich auch die Strandkrabben während ihres Wachstums. Sie tun das fünfmal. Dann platzt der zu klein gewordenen Chitinpanzer, das Tier schlüpft heraus und die Hülle bleibt zurück. Während tote Krabben beim Trocknen äußerst streng riechen, sind diese Häutungshemden praktisch „geruchsneutral“ und als Urlaubssouvenir problemlos.

Oft findet man nur die schön gezeichneten Rückenschilde der Strandkrabben. Sie zählen zu den besonders dekorativen Strandfunden. Denn jedes Exemplar ist anders gezeichnet, unterscheidet sich in Farbe und Dekor. Allerdings sind die getrockneten Rückenschilde ebenso zerbrechlich wie die Häutungshemden.

Strandkrabben findet man nur an den Stränden der westlichen Ostsee, etwa bis Hiddensee.
Die Rückenschilde der hier abgebildeten Exemplare sind etwa 2 bis 4 cm breit. Sie können bis zu 8 cm breit werden.
Die kleinen Krabben mit den auffallend großen Scheren, die man auch weiter östlich findet, sind keine Strandkrabben, sondern Brackwasserkrabben (siehe übernächste Seite).

VERSCHIEDENE KREBSTIERE

Alteingesessene und „Neubürger“

Zu den seltenen Strandfunden zählen tote **Wollhandkrabben**. Die Scheren der für die Ostsee ungewöhnlich großen Krabben haben einen pelzigen Bezug (eine „Wollhand“), der allerdings nur bei männlichen Tieren auffallend ist. Die „Spannweite“ ihrer Beine kann bis 30 cm betragen.

Wollhandkrabben sind ursprünglich aus China nach Europa eingeschleppte „Neubürger“, die in den vergangenen hundert Jahren auch in die Küstengewässer der Ostsee eingewandert sind. Wollhandkrabben leben nicht nur im Brackwasser der Ostsee, sondern auch (und sogar häufiger) in den Unterläufen der Flüsse.

WOLLHAND-
KRABBEN

Seepocken gehören zu den häufigsten Krebstieren der Ostsee. Sie wachsen auf ganz unterschiedlichem festen Grund, gern auf Miesmuschelschalen. So sind sie am Strand am häufigsten zu finden. Sie bauen ein weißes Kalkgehäuse und überziehen manchmal die gesamte Unterlage (auch Schiffsrümpfe) mit einem dichten „Pelz“.

Riesenasseln sind nur an den östlichen und nördlichen Ufern der Ostsee zu finden – manchmal auch an Rügens Nordstränden. Diese interessanten, bis zu acht Zentimeter langen Krebstiere, die sonst nur in tieferem und kälterem Wasser vorkommen, gelten als Besonderheit, als „Eiszeitrelikte“ – Zeugen aus einer Zeit, in der das Ostseewasser noch viel kälter war.

Brackwasserkrabben findet man besonders an den Spülsäumen der vorpommerschen Bodden – in letzter Zeit immer häufiger. Diese kleine Krabbe besitzt, im Vergleich zu ihrer Körpergröße, besonders kräftig ausgebildete Scheren. Sie misst von Scherenrand zu Scherenrand höchstens drei Zentimeter. Auch diese Krabbe zählt zu den „Neubürgern“. Sie stammt aus Nordamerika, wanderte aus dem Brackwasser der Niederlande in die Ostsee ein und fühlt sich hier offensichtlich in den Bodden und Haffen besonders wohl.

SEEPOCKEN

RIESEN-
ASSELN

BRACKWASSER-
KRABBEN

OHRENQUALLEN
Vergängliche Nesseltiere

Die glibberigen Gallertscheiben der Ohrenquallen treiben im Sommer oft in großer Menge in der Ostsee. Ihre Schirme können bis zu 35 cm Durchmesser erreichen; sind aber meist viel kleiner. Ohrenquallen werden nur ein halbes Jahr alt. Sie entwickeln sich im Frühjahr aus Polypen und wachsen im Frühsommer heran. Wird das Wasser im Herbst kälter, so sterben sie ab und werden oft in Massen auf den Strand gespült. Dort bilden sie dann interessante Fotomotive – aber nur für kurze Zeit, denn sie „vergehen“ sehr schnell. Ohrenquallen kommen in der gesamten Ostsee vor. Sie sind sogar im Bottnischen und Finnischen Meerbusen zu finden.

Ohrenquallen gehören zwar zu den Nesseltieren, sie nesseln uns aber nicht. Ihre feinen Nesselzellen können die menschliche Haut nicht durchdringen. Es ist also völlig ungefährlich, Ohrenquallen zu berühren oder aufzuheben.

Im Gegensatz dazu sind die hier nicht abgebildeten großen **Gelben Haarquallen**, die als „Nesselquallen“ oder „Feuerquallen“ zu Recht gefürchtet. Ihre langen, feinen Fangarme sind dicht mit Nesselzellen besetzt, die bei Berührung heftige Schmerzen verursachen. Diese Quallenart gibt es aber nur ab und zu in der westlichen Ostsee.

Getrocknete Seesterne – Strandfunde von der westlichen Ostsee. Die winzigen Exemplare wurden vor Warnemünde gefunden, die größeren an den Stränden der Kieler Bucht.

SEESTERNE

Populäre Stachelhäuter

„Gibt es denn gar keine Seesterne mehr?“ fragen viele Ostseeurlauber. Tatsächlich sind diese beliebten Meerestiere im Sommer an den Stränden so gut wie nie zu finden. Doch irgendwann im Winter, nach schweren Stürmen, liegen sie dann doch wieder am Spülsaum – derzeit allerdings nur westlich von Warnemünde.

Der in der Ostsee lebende **Gemeine Seestern** wird in der Nordsee bis zu 30 cm groß. Im salzärmeren Wasser der Ostsee bleibt er deutlich kleiner. Seesterne leben auch im Flachwasser. Man kann sie manchmal sogar beim Blick ins Wasser an Steinen, Pfählen oder Ufermauern beobachten. Mit hunderten kleiner Saugfüßchen ist der Seestern nicht nur in der Lage, sich langsam fortzubewegen. Damit klammert er sich auch, wenn man ihn aufnehmen möchte, sehr fest an die Unterlage. So ist es erklärlich, dass Seesterne bei Sturm nicht so leicht losgerissen und am Strand angespült werden.

Der fünfarmige Körper eines Seesterns fasst sich sehr rauh an. Das liegt an den zahlreichen stacheligen Kalkplättchen an seiner Oberfläche. Seesterne zählen zu den Stachelhäutern, die ihren Weichkörper mit einem Skelett aus Kalkplatten schützen.

Findet man Seesterne, dann möchte man sie natürlich gern mit nach Hause nehmen und aufbewahren. Das heißt: sie müssen konserviert werden. Am einfachsten ist das **Trocknen** – und genau das ist bei Seesternen ist eine Herausforderung. Weil bei der Trocknung an der Luft ein sehr strenger Geruch (vorsichtig umschrieben) entsteht, sollte sie möglichst außerhalb geschlossener Räume erfolgen. Sobald die Seesterne trocken sind, lässt der Geruch nach. Werden sie nicht an der Sonne getrocknet, so behalten sie meist auch etwas von ihrer Farbe.

BROTKRUMEN-SCHWÄMME

*Frisch ausgeworfene und nass fotografierte Brotkrumenschwämme von den Stränden am Fehmarnsund. Diese **Hornschwämme** findet man regelmäßig nur an den Stränden der westlichen Ostsee bis zur Lübecker Bucht. Weiter östlich kommen sie kaum vor.*

aufgebrochener Brotkrumenschwamm, vergrößert

SCHWÄMME
Eigenartige Meeresbewohner

Sie zählen zu den wenig auffallenden Meerestieren der Ostsee – die eigenartigen, im frischen Zustand gelblichen **Brotkrumenschwämme**.

Deren bis faustgroße, sehr unregelmäßig geformten Klumpen liegen, meist nach schweren Stürmen, am Spülsaum zwischen Seegras und Tang. Schon nach kurzer Zeit zeigen sie ein fahles, unansehnliches Grau. Trockene Brotkrumenschwämme sind leicht und werden oft vom Wind über den Strand geweht. Es sind interessante, aber wenig attraktive Sammelobjekte.

Seinen Namen erhielt der Schwamm übrigens von seiner unregelmäßigporigen Struktur, die man nur beim Zerbrechen des Schwammkörpers erkennt und die sehr an die Porenstruktur von Brot erinnert.

Brotkrumenschwämme wachsen gern auf Großalgen, bevorzugt auf dem zarten Meerampfer. Manchmal umhüllen sie auch Miesmuscheln.

Schwämme sind niedere Meerestiere mit einem sehr einfachen Körperbau. Sie haben weder Gewebe, noch Organe, besitzen keine Sinnes- oder Nervenzellen.

Außer den Brotkrumenschwämmen findet man an den Stränden noch zwei weitere, kleinere Schwammarten: **Geweihschwämme** sowie die auch in Flussmündungen lebenden, an der gesamten südliche Ostseeküste vorkommenden **Süßwasserschwämme**.

SCHUPPEN

Wirbel, Schuppen, Gräten, Schädelknochen ... – „Bauteile“ verschiedenartiger Ostseefische, wie man sie meist zwischen Seegras, Algen oder Rollholz am Strand findet. Die Natur hat sie präpariert.

FISCHRESTE
Knochige Strandfunde

Fischreste kommen auf unterschiedlichste Weise ins Flachwasser und von dort an den Strand. Fischer, Angler und Fischesser sind daran nicht unbeteiligt. Manche Fische sterben sogar eines natürlichen Todes, wie beispielsweise **Stichlinge**, die im Sommer an manchen Spülsäumen in großer Zahl zu finden sind. Dort vertrockenen sie, denn kein Seevogel mag die stachligen, mit feinen Knochenplatten bedeckten Gesellen. Vorsicht! Auch im trockenen Zustand können sie noch empfindlich stechen.

VERTROCKNETE STICHLINGE

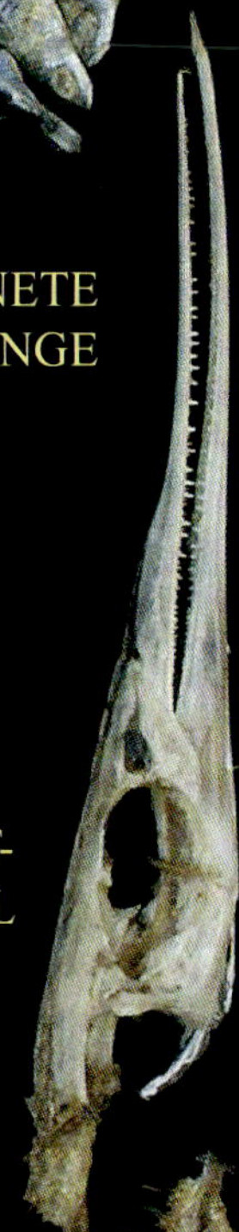

HORNHECHT-SCHÄDEL

KIEMENBÖGEN

PFLANZEN DES MEERES

Blasentang und Seegras, die häufigsten Pflanzen der Ostsee, findet man an allen Stränden. Sie wachsen in ausgedehnten Beständen auch im Flachwasser, werden bei Sturm oft losgerissen und in Massen an den Strand geworfen. Dort liegen manchmal ganze Berge verrottender Meerespflanzen ausgerechnet an den schönsten Badestränden – unangenehm. Doch die Pflanzen des Meeres sind im frischen Zustand ebenso interessant wie die auf dem Festland wachsenden.

Es gibt zahlreiche Arten von Meeresalgen. Mit dem Begriff „Algen“ sind hier immer die Großalgen gemeint. Von den Algen, die in der Nordsee leben, wachsen einige auch in der Ostsee. Die meisten von ihnen haben hier das gleiche Problem mit dem geringeren Salzgehalt wie viele Meerestiere. Sie werden also mit abnehmendem Salzgehalt nach Osten hin kleinwüchsiger und fehlen dann schließlich ganz.

Neben dem Seegras, der einzigen echten Blütenpflanze der Ostsee, sind hier nur die wichtigsten und auffälligsten Großalgen dargestellt – **Braun-, Rot- und Grünalgen**. Die stabilen Braunalgen werden allgemein auch als Tang bezeichnet. Wenn der Laie zu allen angespülten Algen „Tang“ sagt, nimmt ihm das der Fachmann nicht übel.

Wie bei den Landpflanzen haben auch die Algen an verschiedenen Standorten unterschiedliche **Wuchsformen.** Sie sehen also manchmal etwas anders aus als hier auf den Fotos.

Auch bei der Suche nach interessanten Algen wird man nach einem Sturm in der kälteren Jahreszeit am erfolgreichsten sein. Die dekorativen Algen sind schöne Fotomotive. Frischen Tang kann man, wenn man ihn dazu arrangieren möchte, getrost mit der Hand anfassen – selbst wenn er manchmal etwas klebrig ist. Anderswo dient er als Nahrung.

BLASENTANG

Frischer Blasentang – so wie dieser – ist heller und farbiger als jener, der schon länger auf dem Strand liegt. Dort wird er rasch dunkler und erscheint nach einiger Zeit fast schwarz – so wie die anderen Braunalgen auch.

Häufiger Bewuchs auf Blasentang: die etwa 2 mm großen Gehäuse von Posthörnchen-Röhrenwürmern

BLASENTANG UND ZUCKERTANG

Die bekanntesten Großalgen

Den **Blasentang** kennt jeder. Er ist die weitaus häufigste Großalge der Ostsee – überall zu finden, auch im Bottnischen und Finnischen Meerbusen sowie fast in jedem Bodden. Aber nicht alle seine unterschiedlichen Wuchsformen zeigen die typischen kugeligen Gasblasen (Auftriebskörper).

Zuckertang ist die größte aller Braunalgen. Seine breiten lederatigen Blätter werden in der Nordsee drei Meter lang. In der westlichsten Ostsee ist erschon deutlich kleiner. An seinen östlichsten Vorkommen – vor Hiddensee, den Nordstränden Rügens und an der Südküste von Bornholm – sind seine Blätter nur noch maximal 40 cm lang, so wie die hier abgebildeten.
So wie alle anderen Algen wachsen diese beiden Tangarten nur auf festem Grund – auf **Hartboden** – und sie haben eine Wurzel oder Haftscheibe.

ZUCKER-TANG

SÄGETANG

Die meist auf Steinen wurzelnden Tange bilden an manchen Stellen unter Wasser dichte Wälder. Auf ihnen leben zahlreiche kleine Meerestiere: Moostierchen, Röhrenwürmer und Miesmuscheln siedeln darauf, Strandschnecken weiden den feinen Bewuchs von Fadenalgen ab...

Moostierchenkolonie auf Sägetang ø 2 cm

SÄGETANG UND GABELTANG

Breite Blätter – feine Büschel

Der dem Blasentang recht ähnliche **Sägetang** hat keine Blasen, dafür sind seine Blattränder deutlich gezahnt („gesägt“). Der insgesamt etwas breitblättrigere, lederartige Tang ist häufig an den Stränden der westlichen Ostsee zu finden, stellenweise sogar häufiger als Blasentang. Er kommt auch auf Rügen noch vor, weiter östlich selten.

Gabeltang ist überall an der Ostsee und häufig zu finden. Seine zahlreichen feinen, büschelig wachsenen Ästchen verzweigen (gabeln) sich oft. Die kleinen Büschel werden besonders im Winter in großer Zahl an den Stränden ausgeworfen. Sie färben sich in kurzer Zeit schwarz und bilden stellenweise am Spülsaum lange dunkle Streifen.

GABELTANG

MEERSAITE

Ungewöhnliche Schnüre

Die oft mehr als zwei Meter langen, streichholzdünnen, unverzweigten Braunalgen findet man am Strand oft als längliche Knäuel, die aus vielen ineinander verflochtenen Exemplaren dieser besonderen Alge bestehen.

Die Meersaite ist eine schnurartige, sehr an die Saite eines Instruments erinnernde Großalge, die man leicht um den Finger wickeln kann. Sie zeigt sich also außerordentlich elastisch. Beim genaueren Betrachten erkennt man, dass sie nicht so glatt ist, wie sie auf den ersten Blick erscheint, sondern mit einem dünnen „Pelz“ feinster Härchen bedeckt.

Meersaiten gibt es überall in der Ostsee. Sie wachsen meist dicht an dicht auf Steinen im flachen Wasser vor der Küste. Man findet sie sowohl an Sand-, als auch an Geröllstränden, besonders im Spätsommer.

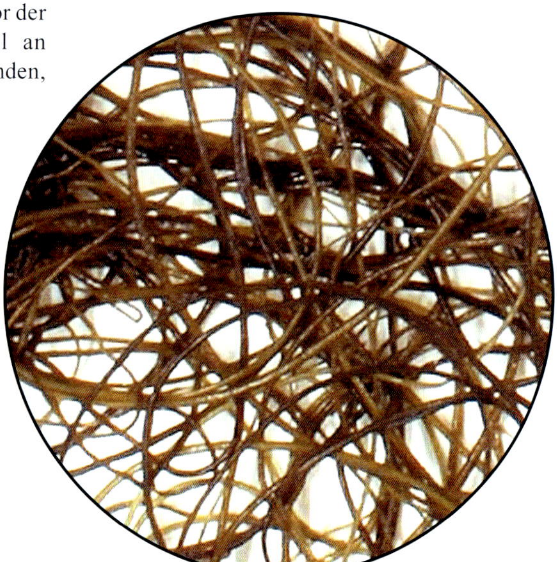

Wer ein solches Knäuel von Meersaiten zu entwirren versucht (das geht!), wird erstaunt sein, wie lang eine einzelne Saite sein kann.

MEERAMPFER UND DARMTANG

Die feinen Zarten

Sein leuchtendes Rot fällt sofort am Spülsaum auf. Der **Meerampfer** mit seinen zarten Blättchen gilt als farbintensivste Ostseealge. Leider ist diese schöne Rotalge sehr empfindlich und wird im Wellenschlag schnell zerfasert, sodass oft nur die stabilen Rippen zu finden sind. Meerampfer wächst in der westlichen Ostsee. Man findet ihn bis hin zur Insel Rügen.

Der **Darmtang** liebt stilles flaches Wasser. Er kommt überall in der Ostsee vor und wächst auch gern in den Bodden. Die zarte Grünalge gedeiht dort oft in dichten Beständen, ihre Spitzen erreichen manchmal sogar die Wasseroberfläche. Auf den Strand gespült, vertrocknet und verbleicht sie rasch. Ganz glücklich ist die Bezeichnung „Tang“ nicht, die ja eigentlich nur für die gröberen Braunalgen gelten soll.

MEERAMPFER

Am Strand gefundener Darmtang lässt kaum ahnen, dass er tatsächlich hohl, darmähnlich ist. Man merkt es aber, wenn man ihn vorsichtig zwischen Daumen und Zeigefinger reibt. Wer sehr behutsam ist, kann ihn sogar aufblasen.

DARMTANG

Frisch am Strand ausgeworfener Meersalat ähnelt sehr den Blättern von Salat, der auf den Gartenbeeten wächst. Er zeigt das frischeste Grün aller Strandfunde, verwelkt aber sehr rasch.

MEERSALAT
Grasgrün und appetitlich

Immer wieder wundert sich der aufmerksame Strandwanderer, wie sorgsam das Meer sortiert: Algen liegen immer zusammen an einer Stelle, Muschelschalen an einer anderen und Rollholz noch an einer anderen. **„Gleiches zu Gleichem“** heißt das ungeschriebene Gesetz, nach dem das Meer etwas ablagert. Durch den beständigen Wellenschlag ist alles im flachen Wasser Befindliche beständig in Bewegung. Dadurch gelangen alsbald Dinge etwa gleicher Dichte, gleicher Größe und gleicher Form zueinander. Das so sortierte Material wird schließlich auch zusammen am Strand an einer Stelle ausgeworfen – Algen zu Algen, Rollholz zu Rollholz, Miesmuschelschalen zu Miesmuschelschalen. Sogar Sand, Kies und Gerölle werden streng nach ihrer Größe sortiert. Deshalb liegt am Strand nie etwas durcheinander.

Seine breiten Blätter erinnern tatsächlich eher an Blattsalat als an eine Meeresalge. An manchen Stränden der Nordsee in großer Menge angespült, zählt der **Meersalat** in der Ostsee zu den weniger häufigen Arten. Seine hier eher zarten, frischgrünen Blätter fallen am Strand sofort auf. Allerdings welken sie im Sonnenlicht sehr schnell dahin und liegen dann oft als weißliche Häute am Strand.

Meersalat wächst in der westlichen Ostsee auf festem Untergrund. Losgerissene Blätter dieser Grünalge können im stillen Wasser am Meeresboden sogar weiterwachsen.

Frischer Meersalat sieht nicht nur appetitlich aus und erinnert an Blattsalat. Anderswo (beispielsweise in Skandinavien) isst man ihn sogar. Leider kann nicht mit Zubereitungshinweisen gedient werden.

SEEGRAS

Blütenpflanze vom Meeresboden

Das Seegras ist die einzige echte Blütenpflanze, die es in der Ostsee gibt. Anders als die Algen wurzelt sie vorzugsweise in sandigem Grund und bildet im flachen Wasser stellenweise große Unterwasserwiesen. Dazwischen leben zahlreiche Meerestiere wie Jungfische, Krabben oder Garnelen.

Auf den Seegrasblättern wachsen Moostierchen, Polypen, Seepocken, kleine Miesmuscheln... Seegraswiesen zählen zu den besonders artenreichen Lebensräumen am Grunde der Ostsee.

Bei Sturm werden oft große Mengen von Seegras losgerissen und an den Stränden angeschwemmt. Bei entsprechendem Wetter trocknen die frisch grasgrünen Halme recht rasch. Getrocknetes Seegras riecht angenehm – etwas nach Heu.

Erst wenn die Seegrasmassen (meist vermischt mit Algen) länger am Strand liegen, beginnen sie zu verwesen, mit Sand überdeckt sogar zu verfaulen. Dann wird das Seegras dunkel, fast schwarz.

IN DAS MEER GESPÜLT

Regenwasser rinnt über die Steilufer, Bäche und Flüsse strömen in die Ostsee. Sie alle bringen etwas vom Lande mit: Blätter, Zweige, Wurzeln, Früchte ... Manche Schale kommt auch von den Tieren des Landes oder der Luft.
All das wird ins Meer gespült – und wieder am Strand ausgeworfen. Diese Reste bereichern die Spülsäume an der Ostsee, oft zur Freude der Strandwanderer. Gut gewaschen, gebleicht oder interessant abgerollt wird so manches Ding, das an Land unbeachtet bleibt, zum willkommenen Strandfund – zum dekorativen Objekt, das zum Arrangieren anregt, zum Urlaubssouvenir. Hier wird man aber nicht nur „fündig", sondern kann auch seine naturkundlichen Kenntnisse überprüfen – ohne den Fund mitzunehmen: Was ist das? Woher kommt das? Was gehört wozu? Schilfwurzeln und Torfstücke aus einem Strandsee, abgerollte Spindeln von Maiskolben, tote Laufkäfer und Blattwanzen, zusammengedrehte Birkenrinde, gebleichte Vogel- und Fischknochen...
Am Spülsaum der Strände gibt es viel Interessantes zu entdecken. Natürlich: Man muss nicht gleich alles anfassen. Das kleine Stöckchen, das man in den Händen vieler Strandwanderer entdeckt, ist sicher oft angebracht.

Funde von den Stränden an der südlichen Ostsee – alles Dinge, die vom Land ins Meer gelangten und von ihm wieder ausgeworfen wurden – getrocknet und arrangiert.

ROLLHOLZ

Formenvielfalt am Spülsaum

Abgerollte, von der Natur gebleichte und schön geformte Hölzer vom Spülsaum, allgemein als Rollholz bezeichnet, sind besonders begehrte Strandfunde. Manches Stück mag schon Jahrzehnte unterwegs sein – vielleicht der letzte Rest einer stattlichen Buche, die bei einem Uferabbruch auf den Strand stürzte oder einer uralten Schiffsplanke. Viele der besonders interessant geformten Hölzer erhielten durch Schiffsbohrwürmer (siehe Seite 20) ihre interessante löchrige Struktur.

ZAPFEN, SAMEN, FRÜCHTE
Von den Ufern eingespült

Die hier sortierten Strandfunde sind pflanzlicher Natur und stammen von ganz unterschiedlichen Bäumen oder Sträuchern. Es sind die Zapfen verschiedener Kiefern und Fichten; die Kerne bzw. Steine von Kirschen, Pflaumen, Mandeln und Pfirsichen; Haselnuss- und Walnuss-Schalen; Buchecker- und Eichelkörbchen, Eicheln und Kastanien – alles von den Stränden der Insel Rügen. Die recht einfache Zuordnung wird hier dem Betrachter überlassen.

SCHNECKEN, MUSCHELN
Vom Land, aus Bächen oder Flüssen

Manche Schnecke oder Muschel, die am Ostseestrand aufgesammelt wird, gehört zu keinem Meerestier. Ab und zu finden sich hier auch Gehäuse von Landschnecken – ebenso wie die von Süßwasserschnecken und die Schalen von Süßwassermuscheln. Die beiden zuletzt genannten gibt es besonders in der Nähe von Flussmündungen an den weiter östlich gelegenen Stränden der südlichen Ostseeküste.

LAND-
SCHNECKEN

SÜSSWASSER-
SCHNECKEN

SÜSSWASSER-
MUSCHELN

Vogelknochen von verschiedenen Stränden an der südlichen Ostsee. Von welchen Vögeln sie stammen, kann oft nur der Fachmann erkennen.

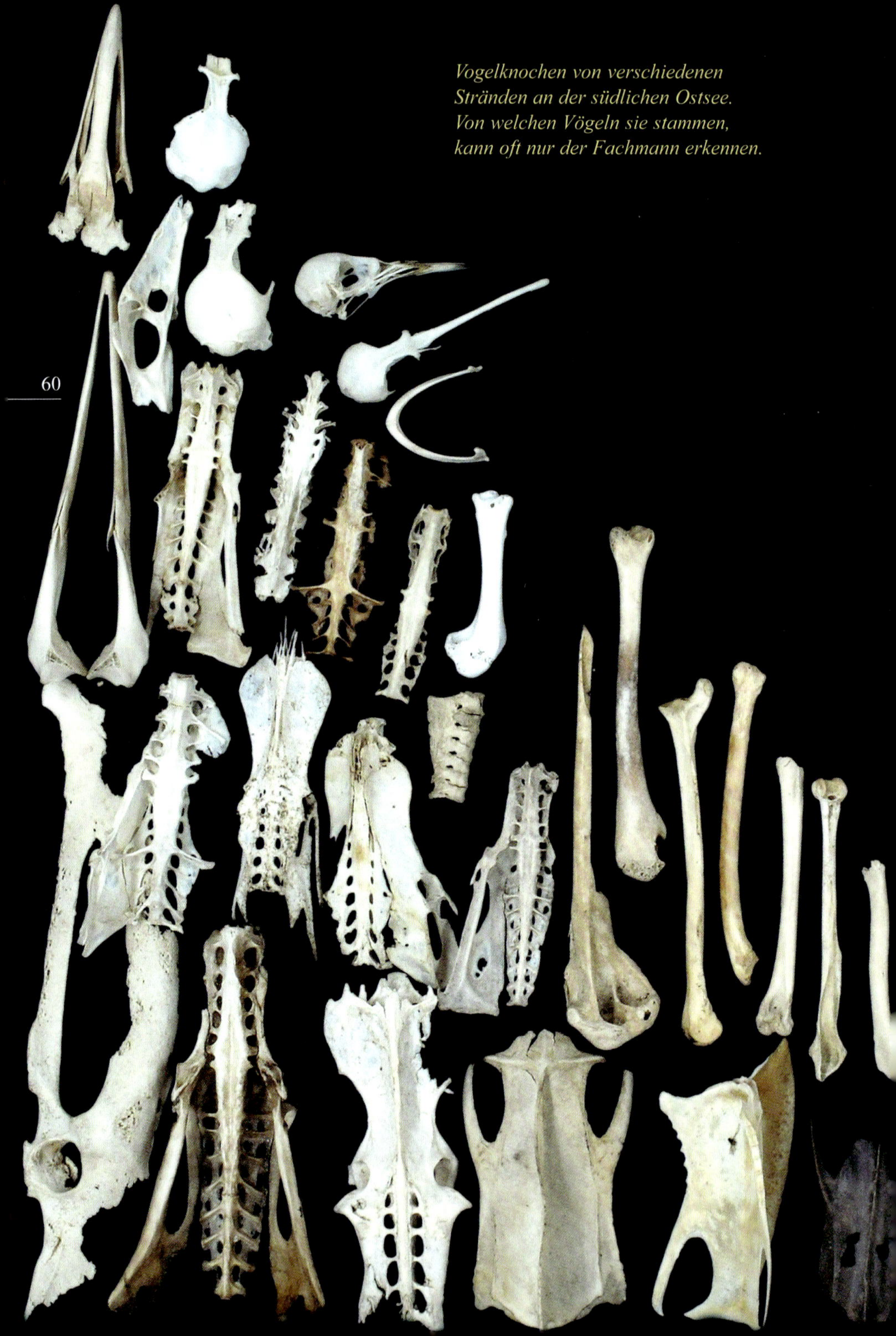

VOGELRESTE
Knochen und Federn

Ja sicher, etwas makaber sieht das auf der linken Seite Zusammengelegte schon aus. Aber solche und ähnliche **Vogelknochen** (viele natürlich von Wasservögeln) sind gar nicht so seltene, sondern sogar charakteristische Strandfunde.
Die am Strand gefundenen **Federn** können – müssen aber nicht generell – von Wasservögeln stammen. Auch bei derartigen Funden ist jedem Finder selbst überlassen wie er damit umgeht.

STEINE AM OSTSEESTRAND

Strandsteine von der südlichen Ostseeküste – kaum eine andere Meeresküste der Erde hat Strände mit einer solchen Vielfalt von Gesteinen .und Fossilien.

Strandsteine – Gerölle verschiedenartiger Gesteine, Fossilien und natürlich Bernstein – das sind sicher die beliebtesten Strandfunde an der Ostseeküste. Sie sind so vielfältig und interessant, dass man ihnen ein eigenes Buch widmen muss. Dieses Buch gibt es schon: ROLF REINICKE **„Steine am Ostseestrand“** (siehe Seite 80). Auf den nächsten Seiten ist hier nur kurz angedeutet, was dort ausführlich dargestellt und beschrieben wird – so wie in diesem Buch alle Funde, die keine solchen Strandsteine sind.

GESTEINE
Bunte Welt der Strandgerölle

Schon der erste Blick auf einen Geröllstrand an der Ostsee zeigt die Vielfalt von Gesteinen, die hier zu finden sind. Während der Eiszeit wurden verschiedenartigste Gesteine aus Skandinavien und dem Ostseeraum in riesigen Mengen vom Inlandeis nach Süden transportiert und hier abgelagert. Aus den eiszeitlichen Ablagerungen an den Steilufern herausgewaschen liegen sie nun am Strand: Granit von Bornholm, Gneis aus Mittelschweden, Porphyr aus dem Gebietum Oslo, Kalkstein von Öland und Gotland, Feuerstein (der häufigste Strandstein) von Rügen und Møn ... Ob Tiefengesteine, Vulkangesteine, Umwandlungsgesteine oder Ablagerungsgesteine – alle Arten von Gesteinen kommen als Strandgerölle an der südlichen Ostseeküste vor. Sich damit zu beschäftigen, sie zu unterscheiden – das ist eine Freizeitbeschäftigung ganz besonderer Art. Auch dazu werden die wichtigsten Kenntnisse im Buch „Steine am Ostseestrand“ vermittelt.

FOSSILIEN
Zeugen aus Jahrmillionen

Von diesen Strandfunden geht eine besondere Faszination aus: Reste von Meerestieren, die vor unvorstellbar langer Zeit lebten – Donnerkeile, Steinkerne von Seeigeln, versteinerte Muscheln, Schwämme, Korallen...

An allen Geröllstränden an der südlichen Ostsee kann man **Fossilien** finden. Die besten Fundmöglichkeiten bieten natürlich die Strände vor den Kreidesteilufern auf Rügen und Møn. Oft sind es nur kleine, abgeschliffene, manchmal aber auch recht gut erhaltene Stücke, die man zwischen dem Strandgeröll findet.

Was man da gefunden hat, zu welchem fossilen Meerestier der Fund gehört, wie alt das Fundstück ist – all das kann man beispielsweise bei den zahlreichen auf dieser Seite abgebildeten Stücke selbst als Nichtfachmann herausbekommen. Dazu braucht man aber ein geeignetes Bestimmungsbuch. Auch da sind die „Steine am Ostseestrand“ bestens geeignet – besonders für Laien.

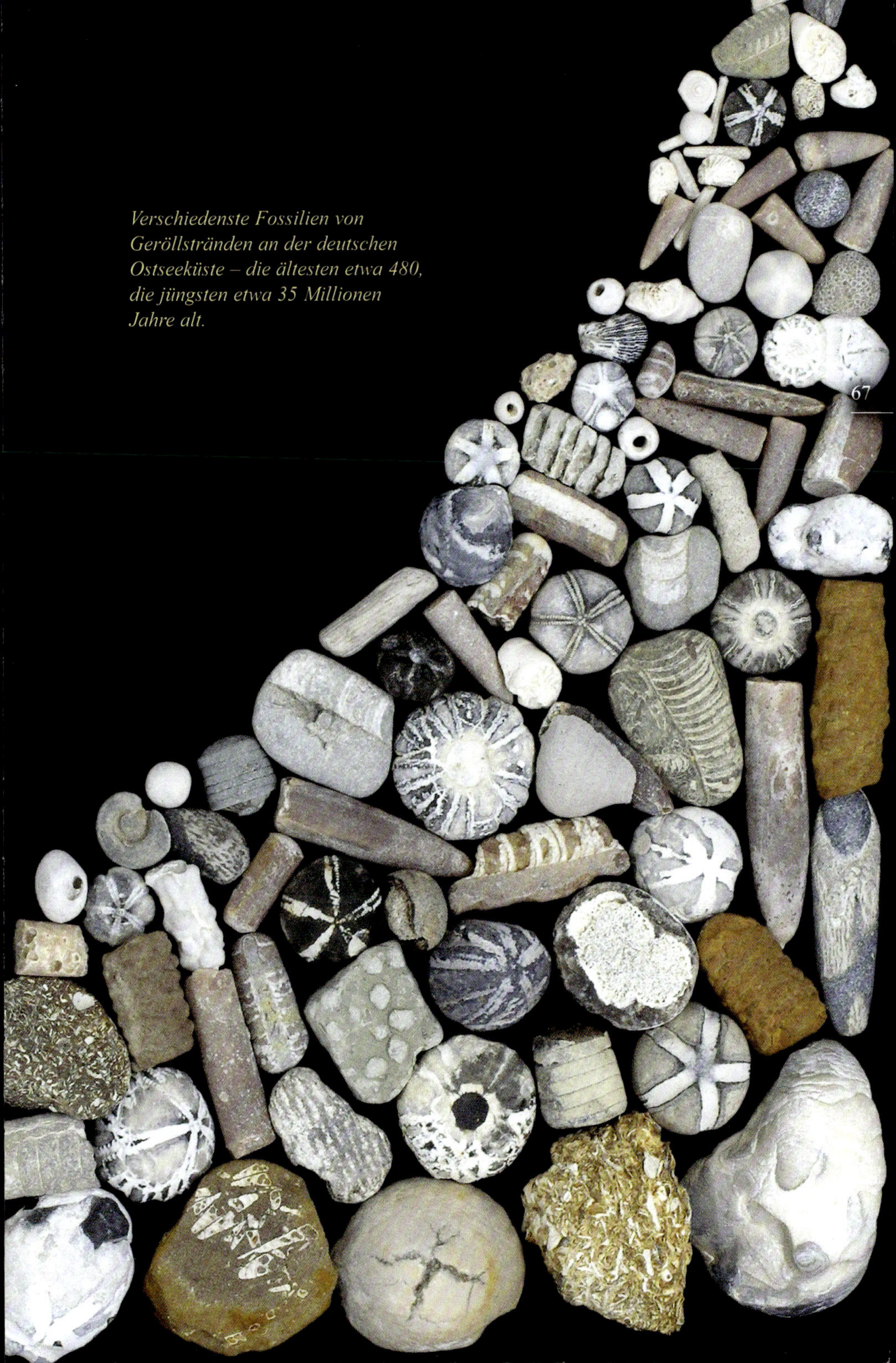

Verschiedenste Fossilien von Geröllstränden an der deutschen Ostseeküste – die ältesten etwa 480, die jüngsten etwa 35 Millionen Jahre alt.

BERNSTEIN
Das „Gold des Meeres“

Welcher Strandwanderer hofft nicht im Stillen, ein Stück davon zu finden. Doch Bernstein ist rar am Ostseestrand, besonders zu Sommerzeit. Er will aber auch an der richtigen Stelle gesucht werden – nicht zwischen dem Geröll der Steinstrände. Bernstein wird nach Stürmen am Sandstrand ausgeworfen, dort wo feines Rollholz und Miesmuschelschalen dunkle Streifen bilden. Denn Bernstein ist relativ leicht und verhältnismäßig weich – zwei Merkmale, mit denen er sich gut von anderen Steinen unterscheiden lässt.

Bernstein ist ein fossiles Harz. Er entstand vor rund 40 Millionen Jahren im skandinavischen Raum aus dem Harz heute ausgestorbener Bäume.
Dieser **Baltische Bernstein** hat ein sehr spannendes Schicksal hinter sich und wurde mehrfach umgelagert. Viel mehr zum Thema Bernstein findet man in „Steine am Ostseestrand“ und fast alles im Buch „Bernstein – Gold des Meeres“ von Rolf Reinicke.

Vom Menschen Hergestelltes aus drei Jahrtausenden – eine Auswahl von Strandfunden recht einheitlicher Größe aber unterschiedlichster Natur von den Stränden rings um die Ostsee.

VON MENSCHEN GEMACHT

Natürlich hinterlässt der Mensch seine tiefen Spuren an den Stränden der Ostsee. Aber nach der Sommersaison waschen und glätten die Wellen der Herbststürme immer wieder den Sand der Badestrände. Allerdings gelingt es der Ostsee nicht, auch alle Hinterlassenschaften des Menschen zu beseitigen. So kommt es, dass man an den Ufern nicht nur die Spuren, sondern auch vieles vom Menschen Gemachte findet – Dinge ganz unterschiedlicher Art und Größe.

FEUERSTEINGERÄTE
Strandfunde aus der Steinzeit

Die ältsten von Menschen gefertigten Gegenstände, die man am Strand findet, sind aus Feuerstein und ungefähr 2000 bis 3000 Jahre alt. Diese Feuersteingeräte wie Schaber, Klingen, Faustkeile, Pfeil- oder Speerspitzen aus der Steinzeit liegen gar nicht so selten am Strand zwischen dem übrigen Geröll. Man erkennt sie an der Form und den Bearbeitungsspuren, aber auch an der oberflächlichen Verfärbung des Feuersteins. Viele Stücke (nicht alle) des im Inneren hell- bis dunkelgrauen Feuersteins erscheinen äußerlich gelblich, bräunlich oder rotbraun. Für den Laien ist es oft schwer zu unterscheiden ob es ein echtes Gerät ist, ein bei der Feuersteinbearbeitung entstandener „Abschlag" oder nur ein ohne menschliches Zutun entstandenes Feuerstein-Bruchstück. bearbeitung entstandener „Abschlag" oder nur ein ohne menschliches Zutun entstandenes Feuerstein-Bruchstück.

Feuersteingeräte wurden in riesiger Stückzahl gefertigt. Sie gelangten schließlich – zerbrochen oder stumpf – irgendwann einmal in den Boden, auch in der Nähe der Ufer, an denen unsere Vorfahren gern siedelten. Von dort abgebrochenes Erdreich wird vom Meer ausgespült. Dabei bleiben die Feuersteingeräte im Strandgeröll zurück. Im Laufe der Zeit werden sie aber – so wie das übrige Geröll – immer stärker abgeschliffen. Irgendwann lässt nichts mehr davon ahnen, dass dieses Feuersteingeröll, das man gerade in der Hand hält, früher einmal ein vom Menschen geformtes Gerät war. Schließlich ist Feuerstein ein Naturmaterial und kein Kunststoff.

Feuersteingeräte und Abschläge von der Geröllstränden der Insel Rügen. Das kleine Steinbeil links – ein recht seltener Fund – ist neun Zentimeter lang.

„SEEGLAS“ Vom Meer geschliffen

Das Meer hat manchmal Mitleid mit uns Menschen. Blieben alle Glasscherben so an den Stränden liegen, wie sie von Natur aus sind – scharf und splittrig – dann wären Strandwanderungen und Badeurlaub eine gefährliche Sache. Aber Glasscherben aller Art werden im Wellenschlag beständig hin und her geworfen. Dabei schleifen die härteren, aus Quarz bestehenden Sandkörner das Glas in relativ kurzer Zeit. So wird es „entschärft“ und seine Oberfläche rauh. Zwischen dem Kies am Strand erscheint es fast wie ein Naturprodukt. Es wird wohl auch deshalb als „Seeglas“ gern gesammelt.

„Seeglas“ vom Ostseestrand – die rundgeschliffenen Glasscherben lassen lassen kaum noch etwas vom ihrem Ursprung erkennen, verraten nichts vom ihrem Alter.

Die vom Menschen gemachten Dinge bestehen zum Teil aus Kunststoff, der sehr widerstandsfähig ist, im Wasser kaum zerrieben wird und daher Jahrzehnte überdauert.

VERLOREN ODER WEGGEWORFEN
Vom Meer zurückgegeben

Diese Collage soll keine „Kunst“ sein und auch keine Anregung für „Müllinstallationen“. Sie möchte eher dazu anregen, solche und andere Funde (die nicht auf den Strand gehören) aufzusammeln, sie in einen Beutel zu stecken, mitzunehmen und sie an geeigneter Stelle zu entsorgen – so wie es schon manche umweltbewußten Strandwanderer tun.

„Das Meer lässt sich nichts schenken“ sagen unsere dänischen Nachbarn. Wie recht sie haben: Alles in die Ostsee Geworfene oder Eingeleitete kommt irgendwann zurück – ob als Auswurf am Strand oder als Schadstoff in unserer Nahrung, die wir aus dem Meer beziehen. Die Ostsee, an deren Stränden wir so gern wandern und sammeln, ist ein kleines, besonders sensibles Meer. Und ihre schönen Küsten zählen zu den am stärksten belasteten auf unserer Erde.

SAMMELN UND AUFBEWAHREN

Andenken an Strandwanderungen

So aufbewahrt und mit etwas Fantasie selbst dekoriert sind die eigenen Strandfunde etwas ganz Besonderes, etwas nicht Käufliches – bleibende Erinnerungen an Wanderungen am Ostseestrand.

AUTOR & MITARBEITERIN

Rolf und Inge Reinicke

Fotos, Bücher und Vorträge von Rolf Reinicke: **www.kuestenbilder.de**

Sie zählen zu den besten Kennern von Natur und Landschaft an der Ostsee – der Autor **Rolf Reinicke** und seine Ehefrau **Inge Reinicke.** Sie sind hier seit vier Jahrzehnten gemeinsam oft und weit gewandert, haben dabei gesammelt, fotografiert und dokumentiert. Ungezählte Funde und Fotos brachten sie von ihren Wanderungen mit nach Hause, so auch viele, die man in diesem Buch findet.

Rolf Reinicke (geb. 1943) gilt als erfahrener Geologe und exzellenter Landschaftsfotograf. Für alle seine zahlreichen Bücher – so auch für dieses – lieferte er Fotos und Texte. Seine Ehefrau hatte das Lektorat. Sohn **Matthias Reinicke**, Grafik-Designer, lebt und arbeitet in Victoria/BC (Kanada). Er steuerte die Grafiken bei.

Bücher von Rolf Reinicke im Demmler Verlag

Steine am Ostseestrand
7. Auflage 2021
ISBN 978-3-910150-75-1

Pflanzen am Ostseestrand
2. Auflage 2020
ISBN 978-3-944102-13-8

Fossilien am Ostseestrand
1. Auflage 2020
ISBN 978-3-944102-36-8

Feuersteine, Hühnergötter
4. Auflage 2019
ISBN 978-3-910150-78-2

Kliff & Strand
1. Auflage 2011
ISBN 978-3-910150-89-8

Rügen – Strand und Steine
7. Auflage 2021
ISBN 978-3-944102-00-9

Strandschätze
2. Auflage 2019
ISBN 978-3-944102-26-9

Sand & Dünen am Ostseestrand
1. Auflage 2019
ISBN 978-3-944102-30-6

Bildband Mare Balticum
1. Auflage 2018
ISBN 978-3-944102-25-2

Bildband Usedom
1. Auflage 2011
ISBN 978-3-910150-91-1

Bildband Rügen
1. Auflage 2014
ISBN 978-3-944102-10-8